TABLE OF CONTENTS

$\begin{array}{r} 3 \\ \times\ 3 \\ \hline \end{array}$	$\begin{array}{r} 3 \\ \times\ 2 \\ \hline \end{array}$	$\begin{array}{r} 3 \\ \times\ 4 \\ \hline \end{array}$
$\begin{array}{r} 3 \\ \times\ 5 \\ \hline \end{array}$	$\begin{array}{r} 1 \\ \times\ 4 \\ \hline \end{array}$	$\begin{array}{r} 2 \\ \times\ 4 \\ \hline \end{array}$
$\begin{array}{r} 2 \\ \times\ 1 \\ \hline \end{array}$	$\begin{array}{r} 5 \\ \times\ 3 \\ \hline \end{array}$	$\begin{array}{r} 4 \\ \times\ 2 \\ \hline \end{array}$
$\begin{array}{r} 2 \\ \times\ 5 \\ \hline \end{array}$	$\begin{array}{r} 4 \\ \times\ 4 \\ \hline \end{array}$	$\begin{array}{r} 4 \\ \times\ 3 \\ \hline \end{array}$
$\begin{array}{r} 2 \\ \times\ 2 \\ \hline \end{array}$	$\begin{array}{r} 1 \\ \times\ 3 \\ \hline \end{array}$	$\begin{array}{r} 5 \\ \times\ 5 \\ \hline \end{array}$

3	4	4
× 1	× 5	× 1

2	1	5
× 3	× 2	× 2

1	5	1
× 1	× 4	× 5

5	3	2
× 1	× 1	× 3

2	5	2
× 2	× 4	× 2

$$4 \times 2$$

$$1 \times 5$$

$$3 \times 4$$

$$5 \times 3$$

$$3 \times 2$$

$$3 \times 3$$

$$2 \times 4$$

$$3 \times 3$$

$$5 \times 2$$

$$2 \times 4$$

$$4 \times 4$$

$$4 \times 2$$

$$3 \times 3$$

$$3 \times 2$$

$$1 \times 2$$

4 × 1	4 × 3	5 × 3
....	....	....
4 × 4	3 × 4	1 × 3
....	....	....
4 × 3	5 × 3	3 × 2
....	....	....
4 × 5	1 × 2	3 × 1
....	....	....
3 × 2	1 × 2	5 × 1
....	....	....

$$2 \times 3$$

$$2 \times 2$$

$$3 \times 4$$

$$3 \times 5$$

$$4 \times 2$$

$$4 \times 1$$

$$4 \times 2$$

$$4 \times 3$$

$$2 \times 2$$

$$4 \times 3$$

$$1 \times 3$$

$$4 \times 5$$

$$4 \times 2$$

$$3 \times 4$$

$$3 \times 2$$

3	2	4
× 4	× 2	× 3
....	....	....
4	2	1
× 5	× 2	× 3
....	....	....
3	3	4
× 3	× 2	× 2
....	....	....
3	5	1
× 1	× 2	× 3
....	....	....
2	3	1
× 2	× 1	× 2
....	....	....

2 × 1	1 × 4	2 × 3
4 × 3	4 × 4	3 × 3
1 × 2	1 × 1	5 × 4
3 × 2	2 × 2	1 × 3
2 × 5	3 × 4	4 × 1

4 × 5	4 × 2	2 × 4
5 × 5	3 × 1	3 × 5
5 × 3	5 × 2	1 × 5
5 × 1	4 × 2	3 × 4
5 × 2	1 × 1	3 × 5

3 × 4	3 × 2	3 × 4
4 × 3	3 × 4	4 × 5
3 × 2	4 × 5	5 × 2
5 × 3	2 × 5	4 × 3
1 × 3	1 × 3	3 × 1

3 × 3	5 × 4	4 × 1
2 × 3	5 × 2	4 × 3
2 × 1	4 × 4	5 × 2
4 × 3	3 × 2	3 × 5
4 × 3	3 × 3	4 × 4

5 × 3	2 × 5	2 × 2
1 × 3	2 × 3	4 × 2
3 × 4	1 × 2	4 × 5
3 × 3	2 × 3	3 × 1
3 × 5	3 × 4	4 × 5

$$\begin{array}{r} 4 \\ \times\ 3 \\ \hline \end{array}$$
....

$$\begin{array}{r} 4 \\ \times\ 5 \\ \hline \end{array}$$
....

$$\begin{array}{r} 2 \\ \times\ 2 \\ \hline \end{array}$$
....

$$\begin{array}{r} 2 \\ \times\ 5 \\ \hline \end{array}$$
....

$$\begin{array}{r} 1 \\ \times\ 1 \\ \hline \end{array}$$
....

$$\begin{array}{r} 2 \\ \times\ 3 \\ \hline \end{array}$$
....

$$\begin{array}{r} 3 \\ \times\ 4 \\ \hline \end{array}$$
....

$$\begin{array}{r} 5 \\ \times\ 4 \\ \hline \end{array}$$
....

$$\begin{array}{r} 1 \\ \times\ 3 \\ \hline \end{array}$$
....

$$\begin{array}{r} 3 \\ \times\ 2 \\ \hline \end{array}$$
....

$$\begin{array}{r} 4 \\ \times\ 2 \\ \hline \end{array}$$
....

$$\begin{array}{r} 5 \\ \times\ 3 \\ \hline \end{array}$$
....

$$\begin{array}{r} 3 \\ \times\ 4 \\ \hline \end{array}$$
....

$$\begin{array}{r} 3 \\ \times\ 3 \\ \hline \end{array}$$
....

$$\begin{array}{r} 2 \\ \times\ 5 \\ \hline \end{array}$$
....

$$7 \times 9$$

$$5 \times 10$$

$$8 \times 7$$

$$8 \times 9$$

$$7 \times 5$$

$$9 \times 10$$

$$8 \times 10$$

$$10 \times 8$$

$$7 \times 8$$

$$6 \times 10$$

$$9 \times 6$$

$$10 \times 9$$

$$5 \times 6$$

$$9 \times 8$$

$$10 \times 5$$

$$9 \times 5$$

$$5 \times 8$$

$$6 \times 5$$

$$9 \times 7$$

$$10 \times 7$$

$$5 \times 9$$

$$6 \times 6$$

$$6 \times 7$$

$$7 \times 7$$

$$8 \times 6$$

$$9 \times 9$$

$$7 \times 6$$

$$10 \times 6$$

$$10 \times 10$$

$$6 \times 8$$

7 × 10	8 × 5	8 × 8
5 × 7	6 × 9	5 × 5
5 × 9	9 × 7	9 × 5
7 × 6	8 × 8	6 × 5
7 × 9	9 × 7	6 × 10

$$6 \times 9$$

$$6 \times 9$$

$$10 \times 9$$

$$6 \times 7$$

$$6 \times 9$$

$$7 \times 9$$

$$9 \times 6$$

$$5 \times 6$$

$$8 \times 9$$

$$8 \times 7$$

$$8 \times 7$$

$$9 \times 7$$

$$7 \times 8$$

$$7 \times 8$$

$$7 \times 7$$

6 × 7	9 × 9	6 × 7
5 × 9	5 × 6	8 × 6
6 × 7	5 × 6	5 × 5
8 × 5	5 × 7	7 × 7
8 × 9	8 × 6	8 × 7

10 × 8	7 × 6	7 × 6
9 × 9	6 × 10	5 × 6
9 × 7	7 × 5	8 × 10
6 × 7	8 × 7	8 × 7
6 × 9	7 × 9	6 × 9

7 $\times\ 9$	5 $\times\ 10$	8 $\times\ 7$
8 $\times\ 9$	7 $\times\ 5$	9 $\times\ 10$
8 $\times\ 10$	10 $\times\ 8$	7 $\times\ 8$
6 $\times\ 10$	9 $\times\ 6$	10 $\times\ 9$
5 $\times\ 6$	9 $\times\ 8$	10 $\times\ 5$

multiplication

$$\begin{array}{r} 9 \\ \times\ 5 \\ \hline \end{array} \qquad \begin{array}{r} 5 \\ \times\ 8 \\ \hline \end{array} \qquad \begin{array}{r} 6 \\ \times\ 5 \\ \hline \end{array}$$

$$\begin{array}{r} 9 \\ \times\ 7 \\ \hline \end{array} \qquad \begin{array}{r} 10 \\ \times\ 7 \\ \hline \end{array} \qquad \begin{array}{r} 5 \\ \times\ 9 \\ \hline \end{array}$$

$$\begin{array}{r} 6 \\ \times\ 6 \\ \hline \end{array} \qquad \begin{array}{r} 6 \\ \times\ 7 \\ \hline \end{array} \qquad \begin{array}{r} 7 \\ \times\ 7 \\ \hline \end{array}$$

$$\begin{array}{r} 8 \\ \times\ 6 \\ \hline \end{array} \qquad \begin{array}{r} 9 \\ \times\ 9 \\ \hline \end{array} \qquad \begin{array}{r} 7 \\ \times\ 6 \\ \hline \end{array}$$

$$\begin{array}{r} 10 \\ \times\ 6 \\ \hline \end{array} \qquad \begin{array}{r} 10 \\ \times\ 10 \\ \hline \end{array} \qquad \begin{array}{r} 6 \\ \times\ 8 \\ \hline \end{array}$$

$$7 \times 10$$

$$8 \times 5$$

$$8 \times 8$$

$$5 \times 7$$

$$6 \times 9$$

$$5 \times 5$$

$$5 \times 9$$

$$9 \times 7$$

$$9 \times 5$$

$$7 \times 6$$

$$8 \times 8$$

$$6 \times 5$$

$$7 \times 9$$

$$9 \times 7$$

$$6 \times 10$$

6 × 9	6 × 9	10 × 9
....	....	....
6 × 7	6 × 9	7 × 9
....	....	....
9 × 6	5 × 6	8 × 9
....	....	....
8 × 7	8 × 7	9 × 7
....	....	....
7 × 8	7 × 8	7 × 7
....	....	....

$$6 \times 7$$

$$9 \times 9$$

$$6 \times 7$$

$$5 \times 9$$

$$5 \times 6$$

$$8 \times 6$$

$$6 \times 7$$

$$5 \times 6$$

$$5 \times 5$$

$$8 \times 5$$

$$5 \times 7$$

$$7 \times 7$$

$$8 \times 9$$

$$8 \times 6$$

$$8 \times 7$$

$$10 \times 8$$

$$7 \times 6$$

$$7 \times 6$$

$$9 \times 9$$

$$6 \times 10$$

$$5 \times 6$$

$$9 \times 7$$

$$7 \times 5$$

$$8 \times 10$$

$$6 \times 7$$

$$8 \times 7$$

$$8 \times 7$$

$$6 \times 9$$

$$7 \times 9$$

$$6 \times 9$$

15 × 12	13 × 12	13 × 11
14 × 13	14 × 11	14 × 12
10 × 13	11 × 13	11 × 12
12 × 10	11 × 10	12 × 11
12 × 12	15 × 11	13 × 13

12 × 15	10 × 11	14 × 14
13 × 14	12 × 14	12 × 13
10 × 10	13 × 10	11 × 11
10 × 14	14 × 10	15 × 13
11 × 15	10 × 12	13 × 15

10 × 15	14 × 15	11 × 14
15 × 15	15 × 14	15 × 10
12 × 13	15 × 11	15 × 11
14 × 13	12 × 11	12 × 10
10 × 12	13 × 10	10 × 11

10 × 11	14 × 11	14 × 11
12 × 15	14 × 11	13 × 14
12 × 11	11 × 11	13 × 14
12 × 12	12 × 15	13 × 11
13 × 12	10 × 10	12 × 11

10 × 11	13 × 12	12 × 13
11 × 13	11 × 15	11 × 12
10 × 14	11 × 13	10 × 11
12 × 11	15 × 12	12 × 13
11 × 14	13 × 14	14 × 12

multiplication

14 × 12	11 × 12	10 × 11
13 × 13	14 × 11	15 × 14
10 × 14	11 × 15	11 × 11
14 × 14	14 × 12	14 × 11
13 × 15	12 × 13	15 × 14

12 × 14	14 × 12	11 × 15
13 × 13	10 × 12	10 × 14
11 × 13	12 × 13	14 × 15
12 × 11	12 × 12	11 × 12
13 × 11	10 × 10	13 × 15

	14		14		13
	× 13		× 11		× 10

	10		13		10
	× 13		× 12		× 15

	12		11		12
	× 10		× 10		× 15

	11		14		13
	× 11		× 10		× 14

	10		14		11
	× 11		× 14		× 14

$$
\begin{array}{r} 14 \\ \times\ 13 \\ \hline \end{array}
\qquad
\begin{array}{r} 11 \\ \times\ 11 \\ \hline \end{array}
\qquad
\begin{array}{r} 13 \\ \times\ 14 \\ \hline \end{array}
$$

$$
\begin{array}{r} 12 \\ \times\ 13 \\ \hline \end{array}
\qquad
\begin{array}{r} 10 \\ \times\ 12 \\ \hline \end{array}
\qquad
\begin{array}{r} 11 \\ \times\ 12 \\ \hline \end{array}
$$

$$
\begin{array}{r} 14 \\ \times\ 13 \\ \hline \end{array}
\qquad
\begin{array}{r} 10 \\ \times\ 10 \\ \hline \end{array}
\qquad
\begin{array}{r} 14 \\ \times\ 15 \\ \hline \end{array}
$$

$$
\begin{array}{r} 11 \\ \times\ 13 \\ \hline \end{array}
\qquad
\begin{array}{r} 12 \\ \times\ 15 \\ \hline \end{array}
\qquad
\begin{array}{r} 11 \\ \times\ 12 \\ \hline \end{array}
$$

$$
\begin{array}{r} 13 \\ \times\ 11 \\ \hline \end{array}
\qquad
\begin{array}{r} 14 \\ \times\ 12 \\ \hline \end{array}
\qquad
\begin{array}{r} 11 \\ \times\ 13 \\ \hline \end{array}
$$

13 × 14	11 × 15	13 × 14
12 × 12	13 × 11	13 × 14
11 × 11	13 × 14	13 × 10
13 × 15	13 × 13	12 × 13
13 × 11	10 × 14	13 × 14

13 × 12	13 × 10	13 × 14
12 × 10	11 × 15	10 × 11
11 × 10	14 × 13	10 × 15
12 × 13	11 × 13	12 × 12
12 × 10	11 × 12	14 × 14

13	11	13
× 11	× 13	× 13

12	11	14
× 10	× 12	× 13

13	14	11
× 10	× 14	× 14

11	11	11
× 12	× 12	× 12

12	11	13
× 12	× 12	× 13

multiplication

20 × 12	18 × 13	15 × 11
16 × 11	14 × 12	14 × 11
17 × 11	17 × 13	17 × 14
19 × 11	16 × 14	19 × 13
17 × 12	15 × 12	18 × 10

20
× 13
....

14
× 15
....

18
× 12
....

18
× 11
....

16
× 12
....

15
× 13
....

15
× 15
....

20
× 11
....

15
× 14
....

14
× 14
....

20
× 10
....

19
× 12
....

16
× 13
....

18
× 14
....

17
× 15
....

20 × 15	17 × 10	20 × 14
19 × 15	16 × 10	19 × 14
16 × 15	15 × 10	18 × 15
14 × 13	19 × 10	14 × 10
19 × 15	18 × 10	18 × 10

17	18	16
× 11	× 14	× 14

15	15	18
× 12	× 14	× 12

19	19	17
× 12	× 13	× 15

17	19	17
× 11	× 12	× 13

16	15	16
× 10	× 15	× 14

20 × 13	16 × 13	16 × 12
16 × 11	20 × 13	17 × 11
15 × 11	16 × 11	18 × 11
18 × 12	16 × 12	16 × 12
20 × 11	16 × 12	18 × 11

multiplication

16 × 12	14 × 11	15 × 15
14 × 12	16 × 15	15 × 14
19 × 12	14 × 11	15 × 11
19 × 14	17 × 13	20 × 15
15 × 12	15 × 14	20 × 13

18 × 16	14 × 19	15 × 16
18 × 19	15 × 15	15 × 19
17 × 20	20 × 20	20 × 18
19 × 17	18 × 15	17 × 17
16 × 17	18 × 17	15 × 18

$$18 \times 18$$

$$16 \times 16$$

$$19 \times 16$$

$$20 \times 16$$

$$16 \times 18$$

$$18 \times 20$$

$$20 \times 17$$

$$19 \times 18$$

$$19 \times 15$$

$$16 \times 19$$

$$14 \times 16$$

$$19 \times 19$$

$$20 \times 19$$

$$16 \times 15$$

$$17 \times 19$$

14 × 20	17 × 15	20 × 15
19 × 20	17 × 16	16 × 20
14 × 17	15 × 17	14 × 18
17 × 18	14 × 15	15 × 20
16 × 19	16 × 18	14 × 19

17 × 16	16 × 20	19 × 16
18 × 16	15 × 17	15 × 18
18 × 16	17 × 17	19 × 18
15 × 20	15 × 19	17 × 16
19 × 16	16 × 20	15 × 15

16 × 16	15 × 19	15 × 16
16 × 17	17 × 18	16 × 17
16 × 17	17 × 19	19 × 17
14 × 16	19 × 19	16 × 16
18 × 16	19 × 18	19 × 18

20 × 19	16 × 17	15 × 19
16 × 20	15 × 16	17 × 17
14 × 15	14 × 15	19 × 18
16 × 18	19 × 18	17 × 19
16 × 19	18 × 16	16 × 17

14	17	20
× 20	× 15	× 15

19	17	16
× 20	× 16	× 20

14	15	14
× 17	× 17	× 18

17	14	15
× 18	× 15	× 20

16	16	14
× 19	× 18	× 19

$0 \div 10 =$ ....

$0 \div 9 =$ ....

$10 \div 5 =$ ....

$3 \div 3 =$ ....

$5 \div 5 =$ ....

$0 \div 6 =$ ....

$8 \div 4 =$ ....

$4 \div 4 =$ ....

$6 \div 6 =$ ....

$0 \div 9 =$ ....

$7 \div 7 =$ ....

$6 \div 3 =$ ....

$0 \div 10 =$ ....

$0 \div 6 =$ ....

$8 \div 2 =$ ....

$0 \div 7 =$ ....

division

0 ÷ 9 = ...

0 ÷ 6 = ...

0 ÷ 9 = ...

8 ÷ 8 = ...

5 ÷ 1 = ...

6 ÷ 2 = ...

0 ÷ 6 = ...

6 ÷ 6 = ...

2 ÷ 2 = ...

4 ÷ 1 = ...

0 ÷ 10 = ...

0 ÷ 5 = ...

7 ÷ 7 = ...

0 ÷ 10 = ...

0 ÷ 9 = ...

9 ÷ 3 = ...

division

$0 \div 7 =$ ....

$0 \div 5 =$ ....

$4 \div 2 =$ ....

$8 \div 8 =$ ....

$7 \div 7 =$ ....

$6 \div 3 =$ ....

$8 \div 4 =$ ....

$3 \div 3 =$ ....

$7 \div 7 =$ ....

$0 \div 9 =$ ....

$3 \div 1 =$ ....

$2 \div 2 =$ ....

$0 \div 8 =$ ....

$0 \div 8 =$ ....

$5 \div 5 =$ ....

$0 \div 2 =$ ....

$5 \div 5 =$ ....

$0 \div 4 =$ ....

$2 \div 1 =$ ....

$0 \div 10 =$ ....

$9 \div 9 =$ ....

$6 \div 6 =$ ....

$8 \div 1 =$ ....

$5 \div 5 =$ ....

$8 \div 2 =$ ....

$8 \div 8 =$ ....

$10 \div 2 =$ ....

$0 \div 3 =$ ....

$4 \div 2 =$ ....

$0 \div 8 =$ ....

$0 \div 8 =$ ....

$0 \div 9 =$ ....

3 ÷ 3 =

5 ÷ 5 =

6 ÷ 3 =

6 ÷ 1 =

0 ÷ 10 =

0 ÷ 10 =

8 ÷ 4 =

0 ÷ 8 =

0 ÷ 7 =

0 ÷ 4 =

7 ÷ 1 =

0 ÷ 7 =

0 ÷ 6 =

9 ÷ 9 =

4 ÷ 4 =

9 ÷ 1 =

division

$0 \div 10 =$

$4 \div 4 =$

$0 \div 7 =$

$6 \div 2 =$

$0 \div 4 =$

$0 \div 8 =$

$6 \div 6 =$

$0 \div 8 =$

$0 \div 3 =$

$4 \div 4 =$

$0 \div 7 =$

$6 \div 6 =$

$0 \div 5 =$

$9 \div 3 =$

$10 \div 1 =$

$0 \div 9 =$

division

$4 \div 2 =$ ....

$0 \div 8 =$ ....

$9 \div 3 =$ ....

$0 \div 8 =$ ....

$8 \div 8 =$ ....

$6 \div 3 =$ ....

$0 \div 9 =$ ....

$2 \div 2 =$ ....

$4 \div 4 =$ ....

$6 \div 6 =$ ....

$0 \div 6 =$ ....

$0 \div 10 =$ ....

$8 \div 8 =$ ....

$4 \div 4 =$ ....

$0 \div 9 =$ ....

$0 \div 6 =$ ....

$0 \div 4 =$ ....

$0 \div 5 =$ ....

$10 \div 5 =$ ....

$7 \div 7 =$ ....

$8 \div 1 =$ ....

$3 \div 3 =$ ....

$3 \div 3 =$ ....

$0 \div 3 =$ ....

$6 \div 2 =$ ....

$8 \div 4 =$ ....

$6 \div 1 =$ ....

$0 \div 8 =$ ....

$0 \div 9 =$ ....

$5 \div 5 =$ ....

$5 \div 5 =$ ....

$8 \div 2 =$ ....

$0 \div 8 =$ ....

$5 \div 5 =$ ....

$0 \div 9 =$ ....

$0 \div 9 =$ ....

$0 \div 10 =$ ....

$0 \div 7 =$ ....

$4 \div 1 =$ ....

$3 \div 3 =$ ....

$0 \div 7 =$ ....

$0 \div 6 =$ ....

$0 \div 7 =$ ....

$0 \div 9 =$ ....

$0 \div 7 =$ ....

$0 \div 6 =$ ....

$8 \div 4 =$ ....

$0 \div 8 =$ ....

division

$6 \div 6 =$

$8 \div 4 =$

$9 \div 9 =$

$6 \div 3 =$

$5 \div 5 =$

$0 \div 7 =$

$0 \div 10 =$

$0 \div 10 =$

$2 \div 2 =$

$7 \div 7 =$

$8 \div 2 =$

$0 \div 7 =$

$6 \div 6 =$

$6 \div 2 =$

$9 \div 1 =$

$0 \div 8 =$

$0 \div 5 =$ .... $7 \div 7 =$ ....

$3 \div 1 =$ .... $4 \div 4 =$ ....

$6 \div 6 =$ .... $7 \div 7 =$ ....

$0 \div 4 =$ .... $0 \div 10 =$ ....

$5 \div 1 =$ .... $4 \div 4 =$ ....

$4 \div 2 =$ .... $0 \div 5 =$ ....

$0 \div 9 =$ .... $2 \div 1 =$ ....

$6 \div 6 =$ .... $7 \div 1 =$ ....

division

$0 \div 10 =$ ....

$6 \div 3 =$ ....

$0 \div 8 =$ ....

$5 \div 5 =$ ....

$0 \div 10 =$ ....

$9 \div 9 =$ ....

$0 \div 2 =$ ....

$0 \div 5 =$ ....

$0 \div 6 =$ ....

$10 \div 1 =$ ....

$8 \div 8 =$ ....

$10 \div 10 =$ ....

$1 \div 1 =$ ....

$0 \div 10 =$ ....

$0 \div 3 =$ ....

$0 \div 9 =$ ....

division

$12 \div 3 =$

$14 \div 2 =$

$9 \div 9 =$

$20 \div 2 =$

$8 \div 8 =$

$8 \div 8 =$

$15 \div 5 =$

$15 \div 5 =$

$8 \div 8 =$

$12 \div 6 =$

$12 \div 4 =$

$7 \div 7 =$

$16 \div 8 =$

$18 \div 9 =$

$12 \div 4 =$

$12 \div 4 =$

division

$14 \div 7 =$ ....

$6 \div 6 =$ ....

$12 \div 6 =$ ....

$14 \div 7 =$ ....

$20 \div 5 =$ ....

$18 \div 2 =$ ....

$10 \div 5 =$ ....

$15 \div 3 =$ ....

$18 \div 9 =$ ....

$12 \div 2 =$ ....

$16 \div 4 =$ ....

$18 \div 6 =$ ....

$10 \div 10 =$ ....

$12 \div 3 =$ ....

$9 \div 9 =$ ....

$14 \div 7 =$ ....

division

$14 \div 7 =$ ....

$8 \div 4 =$ ....

$9 \div 9 =$ ....

$16 \div 8 =$ ....

$15 \div 5 =$ ....

$16 \div 4 =$ ....

$12 \div 2 =$ ....

$8 \div 8 =$ ....

$18 \div 6 =$ ....

$12 \div 4 =$ ....

$10 \div 5 =$ ....

$8 \div 8 =$ ....

$16 \div 4 =$ ....

$8 \div 8 =$ ....

$18 \div 6 =$ ....

$10 \div 10 =$ ....

division

$16 \div 4 =$ ....

$16 \div 8 =$ ....

$18 \div 2 =$ ....

$7 \div 7 =$ ....

$10 \div 2 =$ ....

$14 \div 1 =$ ....

$11 \div 1 =$ ....

$14 \div 7 =$ ....

$10 \div 10 =$ ....

$14 \div 7 =$ ....

$15 \div 1 =$ ....

$10 \div 10 =$ ....

$15 \div 5 =$ ....

$12 \div 6 =$ ....

$12 \div 6 =$ ....

$12 \div 6 =$ ....

division

$9 \div 3 =$ ....

$9 \div 9 =$ ....

$16 \div 8 =$ ....

$18 \div 3 =$ ....

$9 \div 9 =$ ....

$10 \div 5 =$ ....

$15 \div 3 =$ ....

$9 \div 9 =$ ....

$14 \div 2 =$ ....

$18 \div 3 =$ ....

$12 \div 6 =$ ....

$10 \div 5 =$ ....

$7 \div 7 =$ ....

$8 \div 4 =$ ....

$10 \div 10 =$ ....

$16 \div 2 =$ ....

division

$12 \div 3 =$ ....

$7 \div 7 =$ ....

$19 \div 1 =$ ....

$9 \div 3 =$ ....

$15 \div 3 =$ ....

$9 \div 9 =$ ....

$10 \div 5 =$ ....

$14 \div 7 =$ ....

$18 \div 1 =$ ....

$15 \div 5 =$ ....

$10 \div 2 =$ ....

$9 \div 9 =$ ....

$17 \div 1 =$ ....

$6 \div 6 =$ ....

$20 \div 1 =$ ....

$10 \div 10 =$ ....

division

$18 \div 9 =$ ....

$11 \div 11 =$ ....

$0 \div 13 =$ ....

$0 \div 19 =$ ....

$11 \div 11 =$ ....

$19 \div 19 =$ ....

$8 \div 8 =$ ....

$0 \div 11 =$ ....

$12 \div 12 =$ ....

$10 \div 10 =$ ....

$0 \div 19 =$ ....

$11 \div 11 =$ ....

$18 \div 6 =$ ....

$0 \div 17 =$ ....

$18 \div 9 =$ ....

$9 \div 9 =$ ....

division

$9 \div 9 =$ ....

$11 \div 11 =$ ....

$8 \div 8 =$ ....

$15 \div 15 =$ ....

$18 \div 6 =$ ....

$0 \div 17 =$ ....

$12 \div 12 =$ ....

$14 \div 14 =$ ....

$16 \div 16 =$ ....

$12 \div 6 =$ ....

$0 \div 19 =$ ....

$0 \div 19 =$ ....

$0 \div 20 =$ ....

$0 \div 13 =$ ....

$14 \div 14 =$ ....

$0 \div 19 =$ ....

division

$0 \div 16 =$ ....

$0 \div 17 =$ ....

$10 \div 10 =$ ....

$15 \div 5 =$ ....

$7 \div 7 =$ ....

$14 \div 7 =$ ....

$15 \div 5 =$ ....

$14 \div 7 =$ ....

$9 \div 9 =$ ....

$11 \div 11 =$ ....

$14 \div 7 =$ ....

$11 \div 11 =$ ....

$0 \div 15 =$ ....

$13 \div 13 =$ ....

$0 \div 19 =$ ....

$11 \div 11 =$ ....

division

$14 \div 7 =$ ....

$8 \div 8 =$ ....

$14 \div 7 =$ ....

$15 \div 15 =$ ....

$15 \div 15 =$ ....

$9 \div 9 =$ ....

$16 \div 16 =$ ....

$15 \div 15 =$ ....

$10 \div 10 =$ ....

$10 \div 10 =$ ....

$10 \div 10 =$ ....

$17 \div 17 =$ ....

$16 \div 8 =$ ....

$18 \div 18 =$ ....

$0 \div 18 =$ ....

$14 \div 14 =$ ....

$12 \div 6 =$ ....

$7 \div 7 =$ ....

$0 \div 15 =$ ....

$17 \div 17 =$ ....

$0 \div 16 =$ ....

$18 \div 18 =$ ....

$14 \div 7 =$ ....

$15 \div 5 =$ ....

$18 \div 18 =$ ....

$14 \div 14 =$ ....

$0 \div 15 =$ ....

$15 \div 15 =$ ....

$8 \div 8 =$ ....

$0 \div 16 =$ ....

$15 \div 5 =$ ....

$0 \div 14 =$ ....

$12 \div 12 =$ ....

$0 \div 18 =$ ....

$12 \div 12 =$ ....

$13 \div 13 =$ ....

$0 \div 17 =$ ....

$10 \div 10 =$ ....

$0 \div 17 =$ ....

$12 \div 12 =$ ....

$0 \div 14 =$ ....

$0 \div 19 =$ ....

$0 \div 16 =$ ....

$9 \div 9 =$ ....

$20 \div 5 =$ ....

$13 \div 13 =$ ....

$7 \div 7 =$ ....

$0 \div 18 =$ ....

$0 \div 11 =$ ....

$0 \div 14 =$ ....

$35 \div 7 =$ ....

$18 \div 18 =$ ....

$24 \div 6 =$ ....

$39 \div 13 =$ ....

$32 \div 16 =$ ....

$22 \div 11 =$ ....

$14 \div 14 =$ ....

$0 \div 15 =$ ....

$45 \div 15 =$ ....

$10 \div 10 =$ ....

$42 \div 7 =$ ....

$18 \div 18 =$ ....

$45 \div 9 =$ ....

$16 \div 8 =$ ....

$39 \div 13 =$ ....

$30 \div 6 =$ ....

$33 \div 11 =$ ....

$30 \div 15 =$ ....

$48 \div 6 =$ ....

$42 \div 14 =$ ....

$34 \div 17 =$ ....

$34 \div 17 =$ ....

$33 \div 11 =$ ....

$16 \div 16 =$ ....

$40 \div 10 =$ ....

$30 \div 10 =$ ....

$16 \div 16 =$ ....

$28 \div 14 =$ ....

$34 \div 17 =$ ....

$42 \div 7 =$ ....

division

$28 \div 14 =$

$36 \div 9 =$

$10 \div 10 =$

$20 \div 20 =$

$12 \div 12 =$

$34 \div 17 =$

$24 \div 6 =$

$16 \div 16 =$

$12 \div 12 =$

$0 \div 14 =$

$26 \div 13 =$

$40 \div 8 =$

$42 \div 6 =$

$19 \div 19 =$

$8 \div 8 =$

$0 \div 17 =$

division

$40 \div 10 =$ $11 \div 11 =$

$40 \div 10 =$ $30 \div 10 =$

$36 \div 18 =$ $28 \div 14 =$

$0 \div 18 =$ $24 \div 12 =$

$8 \div 8 =$ $14 \div 7 =$

$20 \div 20 =$ $26 \div 13 =$

$21 \div 7 =$ $26 \div 13 =$

$38 \div 19 =$ $36 \div 6 =$

division

$0 \div 20 =$ ....

$32 \div 16 =$ ....

$40 \div 8 =$ ....

$38 \div 19 =$ ....

$27 \div 9 =$ ....

$40 \div 8 =$ ....

$30 \div 15 =$ ....

$32 \div 16 =$ ....

$0 \div 20 =$ ....

$45 \div 15 =$ ....

$36 \div 9 =$ ....

$39 \div 13 =$ ....

$15 \div 15 =$ ....

$45 \div 9 =$ ....

$30 \div 6 =$ ....

$42 \div 14 =$ ....

division

$19 \div 19 =$ ....

$13 \div 13 =$ ....

$24 \div 8 =$ ....

$45 \div 9 =$ ....

$24 \div 8 =$ ....

$20 \div 20 =$ ....

$40 \div 5 =$ ....

$11 \div 11 =$ ....

$16 \div 16 =$ ....

$36 \div 18 =$ ....

$22 \div 11 =$ ....

$15 \div 15 =$ ....

$18 \div 6 =$ ....

$27 \div 9 =$ ....

$33 \div 11 =$ ....

$15 \div 15 =$ ....

$15 \div 15 =$

$15 \div 15 =$

$14 \div 7 =$

$19 \div 19 =$

$28 \div 14 =$

$39 \div 13 =$

$22 \div 11 =$

$19 \div 19 =$

$26 \div 13 =$

$39 \div 13 =$

$36 \div 12 =$

$32 \div 16 =$

$34 \div 17 =$

$15 \div 5 =$

$26 \div 13 =$

$16 \div 16 =$

13 ÷ 13 =

48 ÷ 6 =

14 ÷ 14 =

30 ÷ 15 =

24 ÷ 12 =

34 ÷ 17 =

34 ÷ 17 =

24 ÷ 12 =

26 ÷ 13 =

32 ÷ 8 =

32 ÷ 16 =

38 ÷ 19 =

33 ÷ 11 =

33 ÷ 11 =

44 ÷ 11 =

19 ÷ 19 =

$16 \div 8 =$ ....

$19 \div 19 =$ ....

$28 \div 14 =$ ....

$35 \div 7 =$ ....

$6 \div 6 =$ ....

$10 \div 10 =$ ....

$28 \div 7 =$ ....

$48 \div 6 =$ ....

$15 \div 15 =$ ....

$25 \div 5 =$ ....

$42 \div 7 =$ ....

$11 \div 11 =$ ....

$35 \div 5 =$ ....

$17 \div 17 =$ ....

$35 \div 7 =$ ....

$36 \div 6 =$ ....

division

$0 \div 20 =$ ....

$24 \div 12 =$ ....

$15 \div 15 =$ ....

$0 \div 20 =$ ....

$14 \div 14 =$ ....

$16 \div 16 =$ ....

$10 \div 10 =$ ....

$44 \div 11 =$ ....

$7 \div 7 =$ ....

$18 \div 6 =$ ....

$12 \div 12 =$ ....

$19 \div 19 =$ ....

$18 \div 18 =$ ....

$24 \div 6 =$ ....

$13 \div 13 =$ ....

$26 \div 13 =$ ....

division

$26 \div 13 =$

$11 \div 11 =$

$48 \div 12 =$

$42 \div 7 =$

$28 \div 14 =$

$24 \div 6 =$

$40 \div 10 =$

$0 \div 16 =$

$50 \div 10 =$

$20 \div 10 =$

$36 \div 18 =$

$9 \div 9 =$

$13 \div 13 =$

$18 \div 18 =$

$0 \div 19 =$

$0 \div 15 =$

division

$16 \div 16 =$ ....

$14 \div 7 =$ ....

$30 \div 15 =$ ....

$27 \div 9 =$ ....

$42 \div 7 =$ ....

$30 \div 10 =$ ....

$10 \div 10 =$ ....

$12 \div 6 =$ ....

$40 \div 10 =$ ....

$16 \div 16 =$ ....

$18 \div 9 =$ ....

$34 \div 17 =$ ....

$33 \div 11 =$ ....

$9 \div 9 =$ ....

$28 \div 14 =$ ....

$22 \div 11 =$ ....

$13 \div 13 =$ $10 \div 10 =$

$40 \div 5 =$ $18 \div 18 =$

$20 \div 5 =$ $32 \div 16 =$

$16 \div 16 =$ $30 \div 15 =$

$30 \div 15 =$ $34 \div 17 =$

$12 \div 12 =$ $20 \div 20 =$

$18 \div 6 =$ $8 \div 8 =$

$16 \div 16 =$ $30 \div 10 =$

division

$49 \div 7 =$ ....

$15 \div 15 =$ ....

$16 \div 16 =$ ....

$16 \div 16 =$ ....

$11 \div 11 =$ ....

$18 \div 9 =$ ....

$36 \div 6 =$ ....

$18 \div 18 =$ ....

$33 \div 11 =$ ....

$19 \div 19 =$ ....

$32 \div 16 =$ ....

$0 \div 16 =$ ....

$12 \div 6 =$ ....

$0 \div 15 =$ ....

$42 \div 6 =$ ....

$28 \div 14 =$ ....

$27 \div 9 =$

$35 \div 7 =$

$30 \div 5 =$

$18 \div 18 =$

$20 \div 20 =$

$38 \div 19 =$

$8 \div 8 =$

$16 \div 8 =$

$32 \div 8 =$

$17 \div 17 =$

$0 \div 14 =$

$24 \div 8 =$

$11 \div 11 =$

$35 \div 7 =$

$28 \div 14 =$

$42 \div 6 =$

division

$34 \div 17 =$ ....

$33 \div 11 =$ ....

$20 \div 10 =$ ....

$15 \div 15 =$ ....

$34 \div 17 =$ ....

$18 \div 18 =$ ....

$8 \div 8 =$ ....

$36 \div 18 =$ ....

$36 \div 18 =$ ....

$16 \div 16 =$ ....

$18 \div 18 =$ ....

$39 \div 13 =$ ....

$14 \div 7 =$ ....

$17 \div 17 =$ ....

$15 \div 15 =$ ....

$16 \div 8 =$ ....

division

$19 \div 19 =$

$40 \div 8 =$

$34 \div 17 =$

$45 \div 9 =$

$17 \div 17 =$

$24 \div 6 =$

$18 \div 18 =$

$19 \div 19 =$

$32 \div 16 =$

$16 \div 8 =$

$15 \div 15 =$

$32 \div 16 =$

$33 \div 11 =$

$0 \div 12 =$

$18 \div 18 =$

$0 \div 19 =$

$45 \div 9 =$ ....

$42 \div 7 =$ ....

$20 \div 10 =$ ....

$14 \div 14 =$ ....

$40 \div 10 =$ ....

$24 \div 6 =$ ....

$11 \div 11 =$ ....

$48 \div 12 =$ ....

$18 \div 6 =$ ....

$45 \div 15 =$ ....

$24 \div 8 =$ ....

$30 \div 10 =$ ....

$36 \div 9 =$ ....

$13 \div 13 =$ ....

$36 \div 12 =$ ....

$45 \div 5 =$ ....

division

$14 \div 7 =$

$12 \div 12 =$

$15 \div 15 =$

$36 \div 12 =$

$36 \div 6 =$

$40 \div 8 =$

$28 \div 14 =$

$36 \div 18 =$

$45 \div 9 =$

$15 \div 15 =$

$19 \div 19 =$

$14 \div 14 =$

$17 \div 17 =$

$0 \div 19 =$

$28 \div 14 =$

$10 \div 10 =$

$48 \div 16 =$ ....

$24 \div 12 =$ ....

$0 \div 15 =$ ....

$33 \div 11 =$ ....

$16 \div 8 =$ ....

$7 \div 7 =$ ....

$26 \div 13 =$ ....

$32 \div 8 =$ ....

$18 \div 18 =$ ....

$11 \div 11 =$ ....

$36 \div 9 =$ ....

$30 \div 15 =$ ....

$39 \div 13 =$ ....

$19 \div 19 =$ ....

$42 \div 7 =$ ....

$39 \div 13 =$ ....

$17 \div 17 =$ .... $10 \div 10 =$ ....

$40 \div 8 =$ .... $19 \div 19 =$ ....

$30 \div 6 =$ .... $40 \div 8 =$ ....

$38 \div 19 =$ .... $0 \div 18 =$ ....

$17 \div 17 =$ .... $0 \div 16 =$ ....

$14 \div 14 =$ .... $8 \div 8 =$ ....

$33 \div 11 =$ .... $30 \div 10 =$ ....

$18 \div 18 =$ .... $18 \div 6 =$ ....

division

$18 \div 18 =$ ....

$12 \div 6 =$ ....

$9 \div 9 =$ ....

$42 \div 14 =$ ....

$14 \div 14 =$ ....

$36 \div 6 =$ ....

$16 \div 16 =$ ....

$24 \div 6 =$ ....

$12 \div 6 =$ ....

$36 \div 18 =$ ....

$33 \div 11 =$ ....

$28 \div 7 =$ ....

$9 \div 9 =$ ....

$35 \div 5 =$ ....

$38 \div 19 =$ ....

$30 \div 10 =$ ....

$34 \div 17 =$ ....

$34 \div 17 =$ ....

$30 \div 15 =$ ....

$49 \div 7 =$ ....

$36 \div 9 =$ ....

$36 \div 9 =$ ....

$32 \div 16 =$ ....

$9 \div 9 =$ ....

$15 \div 15 =$ ....

$38 \div 19 =$ ....

$14 \div 14 =$ ....

$44 \div 11 =$ ....

$32 \div 16 =$ ....

$20 \div 20 =$ ....

$10 \div 5 =$ ....

$18 \div 9 =$ ....

$13 \div 13 =$ ....

$40 \div 10 =$ ....

$0 \div 13 =$ ....

$36 \div 18 =$ ....

$0 \div 20 =$ ....

$22 \div 11 =$ ....

$14 \div 14 =$ ....

$18 \div 18 =$ ....

$11 \div 11 =$ ....

$48 \div 6 =$ ....

$48 \div 16 =$ ....

$35 \div 7 =$ ....

$24 \div 12 =$ ....

$20 \div 20 =$ ....

$15 \div 5 =$ ....

$0 \div 16 =$ ....